混凝土模块化集成
建筑监理工作指南

深圳市合创建设工程顾问有限公司　组织编写

田少飞　主　编

中国建筑工业出版社

图书在版编目（CIP）数据

混凝土模块化集成建筑监理工作指南/深圳市合创
建设工程顾问有限公司组织编写；田少飞主编．—北京：
中国建筑工业出版社，2024.5
ISBN 978-7-112-29844-0

Ⅰ.①混…　Ⅱ.①深…②田…　Ⅲ.①混凝土结构—
模块化组装—监督管理—指南　Ⅳ.①TU37-62

中国国家版本馆 CIP 数据核字（2024）第 094550 号

混凝土模块化集成建筑监理工作指南

深圳市合创建设工程顾问有限公司　组织编写
田少飞　主　编
*
中国建筑工业出版社出版、发行（北京海淀三里河路9号）
各地新华书店、建筑书店经销
北京龙达新润科技有限公司制版
建工社（河北）印刷有限公司印刷
*
开本：850毫米×1168毫米　1/32　印张：3⅛　字数：73千字
2024年6月第一版　2024年6月第一次印刷
定价：**32.00**元
ISBN 978-7-112-29844-0
（42830）

内容简介

本指南由深圳市合创建设工程顾问有限公司牵头，集合公司混凝土模块化集成建筑项目的相关总监理工程师及公司技术人员、行业专家、大型建筑企业、建设单位等管理经验合力编写而成。本指南内容共分为 8 章，包括：总则、模块化装配整体式建筑项目监理工作依据、模块化装配整体式建筑项目监理机构人员配置、模块化装配整体式建筑项目施工准备阶段的监理工作、模块化装配整体式建筑项目施工阶段的监理工作、BIM 模型管理、模块化装配整体式建筑项目工程质量验收、模块化装配整体式建筑档案资料。本指南立足于建筑工程应用，从工程管理实际出发，深入浅出地就混凝土模块化集成建筑各个阶段的监理管理依据、工作流程、工作重难点进行讲解。为从事装配式建筑的监理工作人员或其他工程管理单位提供丰富有效的管理方式和实现途径。相信本指南的出版将为监理行业在今后的类似工程项目管理中提供重要的参考。

责任编辑：王华月
责任校对：赵　力

本书编委会

随着国家对装配式建筑的大力推广，新型建筑工业化、建筑智能化日趋成熟，近年来装配式建筑在行业应用方兴未艾。随之而来的混凝土模块化集成建筑（MIC）也陆续出现，并以全新的绿色建筑、节能环保、低碳理念迅速得到市场认可。混凝土模块化集成建筑采用建筑、装修、机电安装一体化设计、施工模式，装修随主体施工同步进行。几乎所有建筑部品、部件均由工厂车间生产加工完成、现场装配作业，能够实现设计标准化和管理信息化管理，即：构件越标准，生产效率越高，相应的构件成本越低，配合工厂的数字化管理，整个装配式建筑的性价比越来越高，工程施工期大大缩短。

本指南立足于建筑工程应用，从工程管理实际出发，深入浅出地就混凝土模块化集成建筑各个阶段的监理管理依据、工作流程、工作重难点进行讲解。为从事装配式建筑的监理工作人员或其他工程管理单位提供丰富有效的管理方式和实现途径。相信本指南的出版将为监理行业在今后的类似工程项目管理中提供重要的参考和应用价值。

未来，我们坚信混凝土模块化集成建筑市场占比将不断增加，加之不断积累的丰富管理经验必将融入国际市场并参与竞争，同时也将必然引领行业重大变革。

希望深圳市合创建设工程顾问有限公司所有编委通过此书的编写和出版，为装配式建筑行业积极建言献策、贡献专业管理经验，在装配式建筑行业发展过程中贡献自身力量。

深圳市合创建设工程顾问有限公司　董事长

　　本指南是由深圳市合创建设工程顾问有限公司主编,本指南集合了公司混凝土模块化集成建筑项目的相关总监理工程师及公司技术资源、行业专家、大型建筑企业、建设单位等管理经验,并经过广泛调查研究,认真总结实践经验,参考了有关国际标准和国内外相关先进标准,并在广泛征求意见的基础上,编制而成。

　　本指南主要章节共分8章,内容包括:总则、模块化装配整体式建筑项目监理工作依据、模块化装配整体式建筑项目监理机构人员配置、模块化装配整体式建筑项目施工准备阶段的监理工作、模块化装配整体式建筑项目施工阶段的监理工作、BIM模型管理、模块化装配整体式建筑项目工程质量验收、模块化装配整体式建筑档案资料。

　　本指南由深圳市合创建设工程顾问有限公司负责具体技术内容的解释。在执行过程中如有意见或建议,请寄送本司(地址:深圳市福田区彩田路2010号中深花园大厦A座1008室)。

目录 ▶▶▶▶▶▶

第 1 章

总　则

　　随着建筑设计手段和施工技术的进步，以混凝土模块化集成建筑为代表的新型技术形式，已经在深圳应用到高层建筑中。这种技术形式，以快速、优质、绿色、智慧的建造效果，体现出强大的优势。在进一步完善设计节点及检验手段的前提下，未来必将是一种主流的建造形式。

　　由于混凝土模块化集成建筑的特点与传统的构件装配式建筑在预制和安装时有较大的不同。为尽快了解模块化集成建筑的特点，保证施工质量，更好地完成监理工作任务，笔者编制了本监理工作指南。

　　混凝土模块化集成建筑的生产、施工、检测和验收要依据国家现行有关规范、规程、标准及设计图纸，对于特殊问题，以上依据没有涵盖的内容时，组织相应专家会，按专家会意见执行。

第 2 章

模块化装配整体式建筑项目监理工作依据

2.1 招标投标文件、监理合同、施工合同、设计图纸

（略）

2.2 规范性引用文件

《混凝土强度检验评定标准》GB/T 50107

《混凝土结构工程施工质量验收规范》GB 50204

《钢结构工程施工质量验收标准》GB 50205

《建筑工程施工质量验收统一标准》GB 50300

《水泥基灌浆材料应用技术规范》GB/T 50448

《建筑施工组织设计规范》GB/T 50502

《钢结构焊接规范》GB 50661

《混凝土结构工程施工规范》GB 50666

《钢结构工程施工规范》GB 50755

《建筑钢结构防火技术规范》GB 51249

《装配式混凝土建筑技术标准》GB/T 51231

《装配式钢结构建筑技术标准》GB/T 51232

《钢筋焊接及验收规程》JGJ 18

《施工现场临时用电安全技术规范》JGJ 46

《钢筋机械连接技术规程》JGJ 107

《钢筋焊接网混凝土结构技术规程》JGJ 114

《建筑施工模板安全技术规范》JGJ 162

《钢筋套筒灌浆连接应用技术规程》JGJ 355

《混凝土用机械锚栓》JG/T 160

《模块化装配整体式建筑施工及验收标准》T/CECS 577—2019

《装配式混凝土建筑工程施工质量验收规程》T/CCIA/T 0008—2019

《装配式混凝土建筑施工规程》T/CCIAT 0001—2017

《深圳市工程监理专项工作标准》

《房屋建筑工程监理工作标准（试行）》

2.3　其他

针对现行国家、地方、行业规范、规程、标准没有涵盖的具体问题，由专家组进行专家论证，最终形成专家意见进行解释！

第 3 章

模块化装配整体式建筑
项目监理机构人员配置

3.1 监理机构人员的数量要求

相比于传统的房建类项目监理人员数量要求，模块化装配整体式建筑由于施工时间短，工厂预制的工程量大、分项工程多，项目对人员数量的要求更多，各专业配比要求也更加完整。

如果以《建设部关于印发〈房屋建筑工程施工旁站监理管理办法（试行）〉的通知》（建市［2002］189 号）中的相关规定所需监理人员数量为基准，模块化装配整体式建筑所需监理人员数量大约为传统的房建类项目所需监理人员数量 1.5～3 倍，房建类项目所需配备监理人员数量为每万平方米 2～3 人。在实际工程中要根据构件厂生产能力，现场施工环境及工期要求而适量增减。

3.2　监理机构人员的岗位能力要求

（1）总监理工程师：负责整个项目统筹、总协调监理工作开展。

（2）总监理工程师代表：土建、机电专业监理工作统筹、协调、迎检工作。

（3）安全主任：安全监理组织检查、方案审批、组织安全日常工作、迎检、点评安全工作、组织安全例会等工作。

（4）安全工程师：现场安全检查、验收、爬架旁站、塔式起重机施工电梯旁站、高支模旁站、巡视等。

（5）机电工程师：现场机电材料进场验收、隐蔽工程验收、巡视、平行检验等工作。

（6）机电监理员：负责机电工程师安排的工作、两班倒。

（7）土建工程师：负责公区装修、主体结构。地下室、园林、周边市政管网1人。

（8）监理员：负责现场旁站、送检、材料进场验收、模块旁站、巡视、平行检验等工作。

（9）工厂驻场监理：负责模块箱体驻场监理，包括材料进场验收、工序验收、送检、资料管理，以及安装、装修等各专业监理工作。

（10）资料员：负责日报、周报、月报、例会纪要、电子检验批上传、收发文件、盖章、内部资料整理传阅等。

（11）造价工程师：负责进度款支付审核、设计变更计量、结算审核等。

3.3　监理机构人员的考核与培训

在组建模块化装配整体式建筑项目监理部前，要求监理人员完成参与《深圳市装配式建筑政策标准及项目案例系列培训》。分析项目特点，熟悉设计图纸、规范、各岗位工作内容、质量、安全控制点，发生问题的监理对策，做好风险预控。

模块化装配整体式建筑项目施工准备阶段的监理工作

4.1 一般规定

根据《装配式混凝土建筑施工规程》T/CCIAT 0001—2017 相关规定，不做结构性能检验的预制构件，应采取下列措施：

（1）施工单位或监理单位代表应驻厂监督生产过程。

（2）当无驻厂监督时，预制构件进场时应对其主要受力钢筋数量、规格、间距、保护层厚度及混凝土强度等进行实体检验。

（3）装配式建筑工程采用的新材料、新技术、新工艺、新设备，尚无国家、省、市有关规范、标准规定的相关依据的，由建设单位组织行业专家进行专项技术论证。

（4）鉴于模块化装配整体式建筑的特点，模块加工和现场拼装时间有先后顺序且分属两地，图纸会审和设计交底建议可以分两次进行，以体现不同的侧重点和针对性：第一次针对模块制作加工，解决模块结构制作及模块内部的装修、水、电安装等专业问题，在加工厂进行；第二次针对现场拼装，在施工现场进行，解决模块拼装及现场施工的问题。

同时，施工方案也可针对模块加工和现场安装分别编制，侧重点各有不同，更具针对性。

4.2　驻厂监造准备监理工作

4.2.1　模块生产厂家考察及厂家选择确认

主要考察资质、生产能力、质量保证体系等，模块化装配整体式建筑施工单位应建立完善的质量、安全、环境和职业健康管理体系，并应具有完整的技术标准体系。

具体审查内容有：是否具有模块化装配整体式建筑的业绩；其资质、生产能力是否满足本项目要求；是否具有相关经验、资质的技术管理人员和熟练技术工人，是否具有健全的质量管理体系和质量检验制度；是否具有相应的设备、设施；是否具有相应的质量检验检测设备和仪器；是否具有合适的材料及模块存放场地等。

4.2.2　图纸会审、设计交底和施工方案的审查

1. 图纸会审要点

（1）土建专业

1）设计图纸是否经施工图审查机构审查。深化设计不是原设计单位设计出图时，图样及其计算书应由原设计单位复核并签章认可。

2）审核现场安装施工环节所需要的预埋件、吊点、预留孔洞是否已经汇集到构件制作图中，图纸中应明确构件吊点详细设置位置并应符合吊装作业要求。

3）审核构件和后浇混凝土连接节点处的钢筋、套筒、预埋件等间隙的符合性。

4）审核图纸的模块桁架筋焊接螺母位置与相对应的铝模孔的相符性，保证对拉螺杆能正常紧固。

5）审核图纸中顶板桁架筋高度能否满足水电管线的正常穿越，以及现浇板的厚度满足设计要求。

6）审查因避开预留孔洞、预埋件位置的桁架筋能否满足正常合模。

7）套筒、灌浆料、浆锚搭接成孔方式的要求应明确，包括材质、力学、物理工艺性能、规格型号、灌浆作业后的技术间歇时间等。

8）夹心保温板的拉结件材质、布置、锚固方式的要求应明确。

9）建筑、结构一体化构件应审核节点详图。

（2）机电专业

1）不同类型的模块都需出具水、电专业图纸，核查图纸是否齐全，能否准确指导现场施工，包括必要的平面图、剖面图、大样图和系统图，不同管线排布、交叉密集部位还需出具管线综合图。

2）水、电预留预埋管线的敷设方式是否明确，走线是否合理。

3）水、电各预留终端点位数量是否足够，布置是否合理。

4）管线穿墙、穿楼板处是否预留了孔洞或套管（建议首选套管），其中穿外墙和有防水要求的楼板需预埋防水套管。

5）对水、电管线的材质有无特殊要求。

6）水、电管线隐蔽验收要求。

7）水、电管线临时封堵及成品保护措施。

（3）装修专业

1）内装和设备管线系统应符合国家现行标准《建筑内部装修设计防火规范》GB 50222、《民用建筑工程室内环境污染控制标准》GB 50325、《民用建筑隔声设计规范》GB 50118 和《住宅室内装饰装修设计规范》JGJ 367 的相关规定。

内装系统宜采用装配式装修，并应满足下列要求：

①内装系统的设计应遵循标准化设计和模数协调的原则，并应符合室内功能和性能要求；

②除接口位置，模块内的装修应在工厂内完成；

③内装修材料应根据不同的使用年限，做到安全可靠，连接牢固，维护便利；

④应根据规格和安装顺序对部品进行统一编号。

2）内装及设备管线的设计应进行集成设计，并宜满足干式工法的要求。

水电、暖通、消防、智能化、燃气末端设备点位在吊顶、墙面、地面排板合理性是否满足要求。

3）内装系统中的部件及其各种连接构造应具有可置换性，相关部品部件应统一规格，连接接口应标准化。

4）楼地面系统宜选用集成化部品部件，并符合下列规定：

①瓷砖地面宜采用薄贴做法；

②地胶地面宜采用干式卡扣连接做法；

③复合木地板地面宜使用实铺式设法；

④地毯地面宜使用免胶做法；

⑤架空地板地面的架空高度应根据下敷管线尺寸、路径、设置坡度等确定，并应设置检修口；

⑥潮湿区域楼地面系统宜采用防滑，防潮类部品部件。

5）模块单元内部的轻质隔墙宜采用轻钢龙骨隔墙，并应符合下列规定：

①宜结合室内管线的敷设进行构造设计，避免管线安装和维修更换对墙体造成破坏；

②宜结合室内管线布置进行相应的隐蔽设计，避免管线明管明线；

③隔墙饰面应高过吊顶完成面，确保隔墙基层隐蔽；

④隔墙龙骨应直接固定在混凝土结构顶板及底板上，不应使用其他方式混合加固。

6）模块单元内部的吊顶系统设计应满足室内净高的需求并应符合下列规定：

①在工厂施工时，吊顶系统宜使用轻钢龙骨系统；

②应在吊顶内设备管线集中部位设置检修口；

③天花收口处宜使用金属收口条进行阴角收口。

7）模块化现浇结构中，内剪力墙拉结点宜设计固装家具。

（4）BIM 审查

必要时，可以要求总包单位运用 BIM 技术选取不同类型的标准模块进行建模，动态展示水、电专业管线、点位及系统的空间布局，提前发现设计错漏碰缺问题。

2. 施工方案的审查

（1）编审程序应符合相关规定。

（2）安全技术措施应符合工程建设强制性标准。

（3）工程开工前，各专业分包单位必须编制专项施工方案，报专业监理工程师审核，经总监理工程师审批后方可实施。

（4）项目监理机构应审查模块生产方案中的工艺质量控制点的设定、质量保证措施的合理性、检验批划分的正确性、质量验收计划的可行性、模块供货计划是否满足现场安装要求、安全技术措施是否符合工程建设强制性标准等内容进行审查。项目监理机构对模块预制构件厂模块生产方案及工艺审查等（专项）施工方案的审查应有书面审查意见记录。审查意见应记录在施工组织设计、（专项）施工方案报审表中。

（5）模块加工阶段的水、电施工方案审查重点：水、电管线管材进场计划及质量保证措施；安装工艺程序及质量保证措施；管道穿墙、穿楼板技术要求；管线预留接口技术要求；管道隐蔽验收技术要求；给水排水管道试压、冲洗、灌水及通球试验要求；强弱电管线穿线及通路测设技术要求；管线临时封堵及成品保护措施。

（6）应审查的专项生产（施工）方案如下：模块生产方案（含

深化、加工）、厂区内吊运方案、模块运输方案、模块成品保护措施专项施工方案、生产安全事故应急预案等。

（7）按规定进行审批或组织专家评审。

4.2.3　编制驻厂监造相关监理文件

（1）在模块式建筑工程施工开始前，应由专业监理工程师编制专项监理实施细则，并报总监理工程师审批。

（2）监理实施细则应符合监理规划的要求，明确关键部位、关键工序和旁站监理等要求，并应具有可操作性。

（3）对于模块加工驻厂监造，项目监理机构应编制如下监理细则：

1）模块加工生产质量监理细则；

2）模块水、电安装专业监理细则；

3）模块装修监理细则。

4.2.4　模块预制生产条件核查

（1）是否已完成模块预制加工图纸会审和设计交底；

（2）模块生产方案是否经过了审批；

（3）施工机具核查：组织核查厂区内的起重机、空压机、翻转架、洗水机、焊机、调直机等机械种类、数量是否满足生产要求；

（4）核查模具方案的选定、模具进场时间、数量是否与方案一致；

（5）材料核查：组织核查进场的主要材料、构配件是否满足甲方品牌库、设计及规范要求；是否完成了材料/设备进场报审、验收程序，需要见证取样送检的是否完成了送检，是否拿到合格报告并完成了材料/设备使用审核；

（6）人员核查：驻厂监理组织核查模块生产厂内流水作业各工序配置的产业工人（水泥、装修、机电、生产管理人员及辅助人员）数量是否满足现场要求；是否对施工班组/作业工人进行了安全、技术交底并形成书面交底记录。

4.3 模块生产驻厂监造监理工作

模块单元，由顶板＋墙膜＋底板＋工厂现浇墙体 4 个部分组合而成。

模块单元形成过程包括预制工厂的预制构件生产（墙体、底板、顶板）和各模块的结构拼装以及模块的机电安装、装修三个过程，预制构件生产过程见图 4-1。

模块拼装工艺流程见图 4-2。

机电安装、装修工艺流程图见图 4-3。

4.3.1 材料进场检查、验收与见证取样

（1）预制厂需在模块加工前申报拟使用的材料/设备品牌，监理工程师应给予审核意见：原则上应采用合同内约定的品牌，可直接审批通过；合同内未约定的品牌，应报至少三家同档次产

(a) 流水线作业

(b) 钢筋绑扎

(c) 浇筑混凝土

(d) 混凝土蒸养

(e) 拆模起吊

(f) 凿除废料

图 4-1 预制构件生产过程

拼装、调平钢模具内模　安装预制墙模　钢筋笼吊装、预埋件安装　安装顶板

机电▼装修

试水养护、成品检查　脱模吊装、底板拼装　浇筑混凝土

图 4-2 模块拼装工艺流程图

品备选，经济技术比较后给出推荐意见，报建设单位审批后执行。

（2）每一批次材料/设备进场时，应报监理验收，经外观检查合格、产品质量证明资料齐全、符合品牌要求的同意进场，并按照

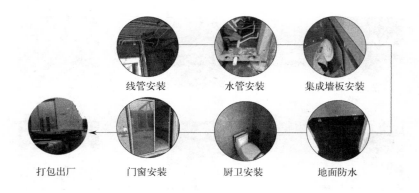

图 4-3　机电安装、装修工艺流程图

规定对需要复检的产品进行见证取样送检，送检合格后方可同意使用。

（3）工程材料、构配件、设备未通过驻厂专业监理工程师审核不得进厂，未经进场使用审批不得使用。不符合有关规定要求的，限期撤离施工现场，同时跟踪其撤离过程并留存相关记录。

（4）预制厂需设置合适的材料/设备存放仓库并分类挂牌标识，妥善保管。

4.3.2　样板先引、首件验收

模块生产前，预制构件厂应按要求进行产品试制，制作样板模块、建立首件验收制度，并会同建设单位、设计单位、施工单位、监理单位共同进行首件验收，共同验收合格之后方可批量生产。

第 4 章　模块化装配整体式建筑项目施工准备阶段的监理工作

首件样板有：混凝土六面体模块结构样板，水、电专业施工样板（工艺样板和实体样板），装修样板等。

1. 混凝土六面体模块结构样板验收

重点检查模具、构件、预埋件、混凝土浇筑成型中存在的质量问题，确认该批制作的模块生产工艺是否合理，质量能否得到保证。

2. 水、电施工样板验收

水、电施工样板可分为工艺样板和实体样板：工艺样板是针对每一道工序的工艺展示（例如水、电管线敷设工艺，则需要展示管线裁切、连接、敷设、固定、保护等工序及要求），明确质量标准和技术要求，可用于对施工班组的技术交底；实体样板则是工程实体成型后的成品效果展示，可用于检验设计的功能和效果是否得到满足，是否存在没有考虑到的问题，例如水、电的终端点位（开关、插座、灯具、给水排水设备等）位置是否合适、数量是否足够、能否满足使用要求，必要时应通水通电测试验证。

3. 装修施工样板验收

装修施工样板可分为工艺样板和实体样板。

工艺样板是针对每一道工序的工艺展示，明确质量标准和技术要求，可用于对施工班组的技术交底；实体样板则是工程实体成型后的成品效果展示，可用于检验设计的功能和效果是否得到满足。

实体样板经联合验收合格后，可以对模具和生产工艺予以基本定型，可以组织试生产。生产出的第一件模块应对照实体样板组织首件验收，以验证大规模生产的可靠性和准确性，是否需要对模具和生产工艺进行微调。首件验收通过（替换为实体样板）模具和生产工艺最终定型后方可展开大规模预制加工，避免出现系统性的加工错误，真正起到事前预控的效果。

4.3.3　模块板的检查与验收

（1）钢筋验收：

1）所用钢筋须经监理验收合格再投入使用。

2）钢筋笼整体尺寸应符合设计及规范要求。

3）钢筋绑扎点应有清晰准确的记号，且绑扎点位置应牢固无松动。

4）焊接拉接螺母时必须准确定位，焊接点按设计及规范要求进行焊接，桁架筋无弯曲变形。

5）拉结螺母与桁架筋位置偏差不超过规范要求±3mm。

6）钢筋保护层厚度不超过规范要求的厚度±5mm。

7）所有外露钢筋应成直线，且必须保证外露钢筋长度在规范允许偏差（+10mm，-5mm）内，灌浆锚筋外伸长度在规范允许偏差（+10mm，0）内。

8）30mm厚模块墙桁架筋与螺母应按设计及规范要求进行焊接，严格控制焊接质量。30mm厚模块墙桁架筋上的焊接螺母及对面模块墙的预留孔洞定位应准确，从而保证项目施工现场模板安装质量。

（2）混凝土浇筑：

1）要求每次浇筑前按设计及规范要求做坍落度试验和试块强度测试。

2）混凝土配合比应该严格按照设计及规范要求执行。

3）混凝土坍落度、温度应符合设计及规范要求。

4）在混凝土车出厂后要在规定时间内按规范要求进行浇筑混凝土。

5）浇筑模块混凝土时，应按施工方案进行施工。

6）应根据混凝土的品种、工作性、构件的规格形状等因素，制定合理的振捣成型操作规程；通过振动台振动使混凝土密实。

（3）模块板的养护：模块进养护炉养护约 4h，直至达到规范要求的拆模强度。

（4）模块板验收：模块墙（30mm 厚）刚度小，预制模块板在拆模、二次搬运可能出现开裂、变形。模块板及楼板要严格控制尺寸，误差应控制在 ±2mm。预制模块板数量较多，驻厂监理应对其进行抽查。

（5）混凝土模块粗糙面成型应符合下列规定：

1）采用模板面预涂缓凝剂工艺，脱模后采用高压水枪冲洗露出骨料；

2）叠合面粗糙面可在混凝土初凝前进行拉毛处理，并保证模块粗糙面的粗糙度符合设计及规范要求。

4.3.4 模具检查、模块五面体拼装

（1）模具检查：

模块生产应根据生产工艺、产品类型等制定模具方案。模具应具有足够的强度、刚度和整体稳固性，并应符合下列规定：

1）模具应装拆方便，并应满足预制模块质量、生产工艺和周转次数等要求；

2）模具应制作样板，经检验合格后方可批量制作；

3）模具各部件之间应连接牢固，接缝应紧密，附带的埋件或工装应定位准确，安装牢固；

4）用作底模的台座、胎模、地坪及铺设的底板等应平整光洁，不得有下沉、裂缝、起砂和起鼓；

5）对于高度大于 2m 的模具应设置不低于 1.05m 的安全护栏；

6）模具应保持清洁，涂刷隔离剂、表面缓凝剂时应均匀、无漏刷、无堆积，且不得沾污钢筋，不得影响预制模块外观效果；

7）应定期检查侧模、预埋件和预留孔洞定位措施的有效性；应采取防止模具变形和锈蚀的措施；重新启用的模具应检验合格后方可使用；

除设计有特殊要求外，模具尺寸允许偏差和检验方法应符合表 4-1 的要求。

混凝土模块模具尺寸的允许偏差和检验方法　　表 4-1

项目	检测项目及内容		允许偏差（mm）	检验方法
1	长度	≤6m	1，−2	用钢尺量平行构件高度方向，取其中偏差绝对值较大处
		>6m 且≤12m	2，−4	
		>12m	3，−5	
2	宽度	≤6m	1，−2	用钢尺量平行构件高度方向，取其中偏差绝对值较大处
		>6m 且≤12m	2，−4	
		>12m	3，−5	
3	高度	≤6m	1，−2	用钢尺量平行构件高度方向，取其中偏差绝对值较大处
		>6m 且≤12m	2，−4	
		>12m	3，−5	
4	截面尺寸	墙板	1，−2	用钢尺测量两端或中部，取其中偏差绝对值较大处
5		其他构件	2，−4	
6	对角线差		3	用钢尺量纵、横两个方向对角线
7	侧向弯曲		$l/1500$ 且≤5	拉线，用钢尺量测侧向弯曲最大处
8	翘曲		$l/1500$	对角拉线测量交点间距离值的两倍
9	底模表面平整度		2	用 2m 靠尺和塞尺量
10	组装缝隙		1	用塞片或塞尺量

注：l 为模具与混凝土接触面中最长边的尺寸。

（2）模块五面体的隐蔽验收及模块板拼装：

1）模块上的预埋件和预留孔洞通过模具进行定位，并安装牢固，其安装允许偏差应符合表 4-2 的相关规定。

模块上预埋件、预留孔洞安装允许偏差　　表 4-2

项目	检测项目及内容		允许偏差（mm）	检验方法
1	预埋钢板、建筑幕墙用槽式预埋组件	中心线位置	3	用尺量测纵横两个方向的中心线位置，取其中较大值
		平面高差	±2	用钢直尺和塞尺检查

续表

项目	检测项目及内容		允许偏差(mm)	检验方法
2	预埋管、电线盒、电线管水平和垂直方向的中心线位置偏移、预留孔、浆锚搭接预留孔(或波纹管)		2	用尺量测纵横两个方向的中心线位置,取其中较大值
3	插筋	中心线位置	3	用尺量测纵横两个方向的中心线位置,取其中较大值
		外漏长度	+10,0	用尺量测
4	吊环	中心线位置	3	用尺量测纵横两个方向的中心线位置,取其较大值
		外漏长度	0,-5	用尺量测
5	预埋螺栓	中心线位置	2	用尺量测纵横两个方向的中心线位置,取其较大值
		外漏长度	+5,0	用尺量测
6	预埋螺母	中心线位置	2	用尺量测纵横两个方向的中心线位置,取其较大值
		平面高差	±1	用钢直尺和塞尺检查
7	预留洞	中心线位置	3	用尺量测纵横两个方向的中心线位置,取其较大值
		尺寸	+3,0	用尺量测纵横两个方向的尺寸,取其较大值
8	预埋连接件及连接钢筋	预埋连接件中心线位置	1	用尺量测纵横两个方向的中心线位置,取其较大值
		连接钢筋中心线位置	1	用尺量测纵横两个方向的中心线位置,取其较大值
		连接钢筋外露长度	+5,0	用尺量测

2)预制模块中预埋门窗框时,应在模具上设置限位装置进行

固定，并按规范要求进行检查。门窗框安装允许偏差和检验方法应符合表 4-3 的规定。

门窗框安装允许偏差和检验方法　　　　表 4-3

项目		允许偏差（mm）	检验方法
锚固脚片	中心线位置	5	钢尺检查
	外露长度	+5.0	钢尺检查
门窗框位置		2	钢尺检查
门窗框高、宽		±2	钢尺检查
门窗框对角线		±2	钢尺检查
门窗框的平整度		2	钢尺检查

（3）使用挤塑聚苯乙烯泡沫塑料的规格、数量应满足设计及规范要求。

（4）门边柱钢筋笼应符合下列规定：

1）钢筋和箍筋数量、间距应符合设计及规范要求。

2）钢筋锚固长度应符合设计及规范要求。

4.3.5　模块五面体浇筑施工监理

（1）模块、轻质墙、顶板后浇带等不同配方混凝土在模块不同部位严禁错用、混用。

（2）墙模、梁模应符合下列规定：

1）厚度不宜大于 50mm；

2）分布钢筋直径不宜小于 6mm，间距不宜大于 100mm；

3）混凝土强度符合设计及规范要求，宜加入增强纤维。

（3）门边柱宜浇筑施工和易性良好的混凝土从而保证构件质量。

4.3.6 模块六面体组装成型过程监理

（1）底板钢筋绑扎验收：

现浇底板或者底板后浇带钢筋规格、数量、间距及保护层厚度等应符合设计及规范要求。

（2）底板应符合下列规定：

1）模块单元底板厚度不宜小于 60mm；

2）模块单元底板的粗糙度应满足设计及规范要求。

4.3.7 模块成型养护及脱模

当模块生产需要多次浇筑时，应确保混凝土交界面的处理满足设计及规范要求。对于二次浇筑的模块，第一次浇筑完成拆模之后清洗施工缝位置，保证第二次浇筑混凝土时，施工缝处有可靠连接。模块模具内胆应在确保易装拆的条件下，保证模块的尺寸方正。

模具拼装前应按要求涂刷隔离剂，保证模块脱模质量。

（1）模块养护应符合下列规定：

1）根据构件类型特点选择养护方式。

2）为保证温度、湿度制定专门养护方案，经监理审查通过后按方案落实。

3）模块的凹槽、阴角等位置应注意养护到位。

（2）淋水试验应符合下列规定：

1）淋水时间：检查当天抽取测区后现场淋水。

2）试验准备工作：

①淋水管：淋水管材料为 PPR 管，管径 25mm，管道间采用热熔连接法。淋水管使用手枪钻等工具开设喷水孔，每根淋水管各设两排喷淋孔，方向呈 90°（分别斜向下 45°及斜向上 45°），钻孔直径 1.5mm 左右，孔交错间距 100mm。

②流量表和水压表：项目部应准备好流量表和水压表各 2 只，安装于淋水管总管上。

③增压泵：若现场水压不足，项目部应预先准备增压泵。

3）试验部位及取样数量：检查组现场随机选取模块，并指定试验部位进行淋水试验，淋水外窗取样数量共计 10 樘。

4）试验方法：

①淋水管设置方法

根据评估组提前选定的外窗设置淋水管。

平面位置：距墙表面距离宜为 100～150mm；

立面位置：应为外窗相向下 200mm。喷水方向与水平方向角度应为向上向下 45°左右。

水压为自来水正常水压 3kg/cm^2，淋水量应控制在 3L/(m^2·min) 以上。水压不足时应采用增压泵增压取水。

②淋水时间要求：淋水时间要求为不间断淋水不低于 15min，淋水停止前必须征得检查组同意。

4.3.8　模块六面体验收

（1）观察成型后的预制件有没有存在裂纹，如没有，一般不需要淋水养护；如有裂纹就必须在下一件产品生产落完混凝土后，脱模前对产品进行淋水保湿养护。

混凝土模块结构厂内现浇完混凝土后，产品脱模后堆放期间，白天宜淋水养护一次；天气炎热或冬季干燥时适当增加淋水次数或覆盖薄膜保湿，防止养护过程中水分蒸发过快。

（2）强度达到15MPa后进行拆模，拆模起吊时在门窗较大洞口设置方通进行加固，防止扭曲变形造成开裂，脱模起吊采用平衡吊架，保证模块结构平衡安全出模，吊运过程中防止崩角。

（3）完成混凝土模块六面体结构后，进行结构检验，出现质量缺陷通知施工单位进行整改并复查，验收合格后才能进行装修工序。

（4）实测实量模块六面体的开间进深、净高度、地面平整度、内墙垂直度（完成打磨）、阴阳角、方正度、顶板水平度极差、地面水平度极差等检查项符合设计及规范要求。

（5）模块防水工程质量验收应符合下列要求：

1）模块面、板缝、门窗洞口不得渗漏。

2）防水层厚度和做法符合设计及规范要求。

3）门窗口周边密封严密，粘结牢固。

4）防水工程施工中应进行分项工程交接检查，并做好记录，未经交接检查的工程不得继续施工。

5）防水层施工中，每道防水层完成后，应由施工单位逐层自检并作相关记录，经监理验收合格后方可进行下一道工序施工。

4.3.9 模块水电安装、装修监理工作

完成模块混凝土六面体结构、验收合格后才能进行混凝土六面

体结构内水电安装、装修工序施工，其监理工作方法、要点内容详《深圳市工程监理通用工作标准》第 3 册建筑装饰装修工程质量控制，《深圳市工程监理通用工作标准》第 4 册建筑设备安装工程质量控制，具体验收条款详见本指南第 7 章。

4.3.10　成品验收

（1）土建、装修及水、电监理工程师应参与模块出厂前的成品联合验收，签署验收意见。

（2）成品验收应对照实体样板进行，主要是对产品定型后可视面的墙/地面/吊顶/部品部件施工质量、装修效果及水、电终端点位和预留接口进行逐一核实，建议以台账清单形式进行验收。

（3）必要时，机电专业应再次检查水、电管路的通畅情况，通过试压/冲洗、灌水/通球、穿线测试等方式抽查检验。

（4）模块的结构、机电、给水排水、供暖中的隐蔽工程，在混凝土浇筑前应进行隐蔽验收。

（5）模块的资料应与产品生产同步形成、收集和整理，归档资料包括下列内容：

1）混凝土模块加工图纸、设计文件、设计洽商、变更或交底文件；

2）生产方案和质量计划等文件；

3）原材料质量证明文件、复试试验记录和试验报告；

4）混凝土试配资料；

5）混凝土配合比通知单；

6）混凝土强度报告；

  7）钢筋检验资料、钢筋接头的试验报告；

  8）模具检验资料；

  9）混凝土浇筑记录；

  10）混凝土养护记录；

  11）模块检验记录；

  12）模块装修检测报告；

  13）模块单元出厂合格证（表 4-4）；

  14）其他与模块生产和质量有关的重要文件资料。

模块单元出厂合格证   **表 4-4**

模块单元出厂合格证		资料编号		
项目名称		合格证编号		
模块编号		型号规格		
生产厂家		企业等级		
设计图号		混凝土设计强度等级		
混凝土浇筑日期		模块出厂日期		
性能检验评定结果	混凝土抗压强度		主筋		
	试验编号	达到设计强度（%）	试验编号	力学性能	工艺性能
	外观		面层装饰材料		
	质量状况	规格尺寸	试验编号		试验结论
	钢筋连接		—		
	试验编号	试验结论	试验编号		试验结论
	门、窗隔声性能测试		门、窗保温性能测试		
	试验编号	试验结论	试验编号		试验结论
	卫生间闭水试验		消防测试		
	试验编号	试验结论	试验编号		试验结论
备注				结论	
供应单位技术负责人		填表人		供应单位名称（盖章）	
填表日期：					

（6）模块交付的产品质量证明文件应包括下列内容：

1）出厂合格证；

2）混凝土强度检验报告；

3）钢筋连接类型的工艺检验报告；

4）模块装修检测报告；

5）合同要求的其他质量证明文件。

4.3.11　吊运、存放、防护及成品保护监理工作

（1）模块吊运应符合下列规定：

1）应根据模块的形状、尺寸、重量和作业半径等要求选择吊具和起重设备，所采用的吊具和起重设备及其操作，应符合国家现行有关标准及产品应用技术手册的规定；

2）模块吊运应采用符合承载力的平衡吊架，控制吊架与模块之间的水平，确保模块的受力均匀且平衡；

3）吊点数量、位置应经设计确认，保证吊具可靠连接，保证起重设备的主钩位置、吊具及构件重心在竖直方向上重合；

4）吊索水平夹角不宜小于 $60°$，不应小于 $45°$；

5）应采用慢起、稳升、缓放的操作方式，吊运过程，应保持稳定，不得偏斜、摇摆和扭转，严禁吊装构件长时间悬停在空中；

6）应采取避免模块变形和损伤的临时加固措施。

（2）模块存放应满足下列要求：

1）存放场地应平整、坚实，并应有排水措施；

2）存放库区宜实行分区管理和信息化台账管理；

3）应按照一定产品品种、规格型号、检验状态分类存放，产品标识应准确、清晰、明显、耐久，预埋吊件应朝上；

4）应按要求设置垫块支点位置，确保模块单元存放稳定，支点宜与起吊点位置一致；对于跨度较大的模块下部宜用两条垫木或型钢支撑；

5）若模块后续进行装修，垫块应进行调平，确保模块装修前放置水平；

6）与清水混凝土面接触的垫块应采取防污染措施；

7）对于跨度较大的模块、模块薄弱部位和门窗洞口应采取临时加固措施防止变形开裂。

（3）模块的成品保护应符合下列规定：

1）模块成品外露保温板应采取防止开裂措施，外露钢筋应采取防弯折、防碰伤措施，外露预埋件和连结件等外露金属件应按不同环境类别进行防护或防腐、防锈；

2）宜保证吊装前预埋螺栓孔清洁；

3）预埋孔洞应防止堵塞的临时封堵；

4）模块应在外侧设置防水罩等防水措施，避免内部已完成的装饰装修工程被雨水损坏；防水罩宜设有可开启的门口，便于人员进入检查；防水措施应遵循绿色可回收不影响装修和吊运以及包装便于装卸等特点；

5）玻璃、瓷砖、木柜等装修宜用胶纸或泡沫等措施进行保护。

第5章

模块化装配整体式建筑
项目施工阶段的监理工作

5.1 现场吊装准备监理工作

5.1.1 图纸会审、设计交底和施工组织设计（方案）审查

1. 图纸会审要点

（1）土建专业

1）建筑、结构一体化构件应审核节点详图。

2）审核构件和后浇混凝土连接节点处的钢筋、套筒、预埋件、预埋管线与线盒等间隙的符合性。

3）套筒、灌浆料、浆锚搭接成孔方式的要求应明确，包括材质、力学、物理工艺性能、规格型号、灌浆作业后的技术间歇时间等。

4）夹心保温板的拉结件材质、布置、锚固方式的要求应明确。

5）图纸中应明确构件吊点详细设置位置并应符合吊装作业要求。

（2）机电专业

1）核查水电暖通图纸是否齐全，能否准确指导现场施工，包括必要的平面图、剖面图、大样图和系统图，不同管线排布、交叉密集部位还需出具管线综合图。

2）审核水电暖通专业、制作施工各环节所需要的预埋件、吊点、预埋管线、预留孔洞是否已经汇集到构件制作图中。

3）管线穿墙、穿楼板处是否预留了孔洞或套管（建议首选套管），其中穿外墙和有防水要求的楼板需预埋防水套管。

4）对水、电管线的材质有无特殊要求。

5）水、电管线隐蔽验收要求。

6）水、电管线临时封堵及成品保护措施。

7）相邻模块之间的管线搭接或预留接口要求，其位置、数量、材质、方式等是否明确，是否便于后续施工和维修。

（3）装修专业

1）施工图纸是否齐全、所引述的技术要求是否符合有关技术规范、规程和有关规定的要求；细部节点是否清楚，设计深度是否满足施工要求。

2）审查设计文件中有无选用国家、省、市建设行政主管部门发布名录中禁止使用的建筑材料、建筑构配件和设备；对装饰装修材料有无明确污染性控制指标、主要装饰材料选用是否合理等。

3）各种施工工艺及验收标准是否详细。

4）审查水电、暖通、消防、智能化、燃气末端设备点位在吊顶、墙面、地面排版合理性是否满足要求。

5）是否在吊顶内设备管线集中部位设置了检修口。

6）各专业预留孔洞、预埋铁件、套管的平面布置、标高、规格是审查重点，应与建筑和各有关专业认真核对。

7）审查设计中采用的新结构、新材料、新工艺以及特殊结构是否针对性地提出了保障施工作业人员安全和预防生产安全事故的措施建议。

8）电梯厅及大堂墙、地砖应预排板，缝隙须对缝，避免出现少于三分之一瓷砖现象，否则观感不佳。

9）烟感、喷淋头或红外线探测仪高压水炮应安装在吊顶合理的位置。

2. 设计交底

由建设单位负责组织设计单位向施工单位、模块预制构件生产企业和项目监理机构等相关参建单位按照相关图纸、技术标准及规范要求进行设计技术交底。由设计单位介绍装配率、设计意图、设计特点、工艺布置与工艺要求、施工中注意事项、重大危险源提示等。

3. 施工组织设计（方案）的审查

（1）项目监理机构应对施工组织设计、专项施工方案中的质量控制点的设定、质量保证措施的合理性、检验批划分的正确性、质量验收计划的可行性、安全技术措施是否符合工程建设强制性标准等内容进行审查。

（2）模块式建筑工程应审查的专项施工方案如下：

专项方案包括：施工组织设计、项目总进度计划、测量施工方案、大体积混凝土建筑方案、模块生产质量保证计划、模块成品保护措施专项施工方案、模块模板生产及供货计划、地下室装配式结构施工方案、铝模板施工方案、地下室 PC 构件供货计划、检测方案、塔楼标准层专项施工方案、塔楼标准层（三天一层）专项施工方案、基坑支护及土石方（管综施工）专项施工方案、BIM 实施施工细则、智能化工程施工组织设计、防水专项施工方案、模块吊装安全专项方案、设备吊装运输方案、生产安全事故应急预案等。

（3）模块式建筑施工组织设计、吊装安全专项方案等应按规定进行审批并组织专家评审。对超过一定规模的危险性较大的分部分项工程专项施工方案，应要求施工单位组织专家论证并按专家意见进行修改、完善。

5.1.2 监理规划与监理实施细则编制

（1）监理规划应结合工程实际情况，明确项目监理机构的工作目标，确定具体的监理工作制度、内容、程序、方法和措施。

（2）监理实施细则应符合监理规划的要求，明确关键部位、关键工序和旁站监理等要求，并应具有可操作性。

（3）对于模块式建筑工程，项目监理机构应根据相关规定及监理工作开展的需要，编制现场安装、防水工程、大体积混凝土、防水、铝膜施工、铝膜幕墙工程、智能化、PC 及 MIC 吊装工程、见证取样和送检、旁站监理、测量、信息化管理、危险性较大分部分项工程安全监理等实施细则。

5.1.3　现场吊装施工条件核查

（1）核查是否已完成安装图纸会审和设计交底，建筑模块组装前，组装人员应熟悉施工详图、组装工艺及有关技术文件的要求。

（2）模块式建筑施工组织设计和专项施工方案审查是否经过了审批。

（3）核查现场的塔式起重机、履带式起重机、汽车式起重机、焊机等施工机具、机械种类、数量是否满足生产要求。

（4）安装前应对建筑模块和预制构件的支承面、定位轴线、基础轴线和标高、地脚螺栓位置等进行检查是否满足安装施工条件。

（5）核对进场的建筑模块或预制构件，查验产品合格证、设计文件和预拼装记录等；核查进场的主要材料、构配件是否满足甲方品牌库、设计及规范要求；是否完成了材料/设备进场报审、验收程序，需要见证取样送检的是否完成了送检，是否拿到合格报告并完成了材料/设备使用审批。

（6）核查模块和预制构件安装施工人员（质量、安全管理人员及起重吊装、辅助人员等）配置数量是否满足现场要求；是否对施工班组/作业工人进行了安全、技术交底并形成书面交底记录。

5.2 模块安装监理工作

5.2.1 模块吊装前监理工作

监理检查项目：

（1）模块出厂文件资料（资料包括：产品出货单、产品质量合格证、模块单元质量验收表、混凝土模块单元结构质量控制表、混凝土模块单元装修质量控制表、混凝土模块单元机电质量控制表、混凝土砖试验报告）；

（2）模块混凝土强度回弹；

（3）模块箱体平整度、垂直度、外观检查；

（4）模块吊具选型、箱体编号。

5.2.2 模块吊装过程监理工作

1. 吊装流程

测量放线→垫片找平→砂浆带敷设→模块吊装→穿插钢筋绑扎→箱体拼缝填充

2. 监理控制要点

（1）测量放线

①每层楼面轴线垂直控制点不宜少于 4 个，楼层上的控制线应由底层向上传递引测；

②每个楼层根据模块安装区域划分应设置 4 个高程引测控

制点；

③模块安装位置线应由控制线引出，每件模块至少应设置纵、横控制线各 2 条；

④现场应该清晰放出模块箱体边线；

⑤模块控制线应该为清晰的细线，以免线体太粗影响箱体定位。

（2）垫片找平

①垫片应该使用硬橡胶，在箱体安装的 4 角及各边中点位置放置；

②找平时不可使用激光水平仪，应该使用水准仪或全站仪进行精准测量。

（3）砂浆带敷设

①砂浆比例为水泥：沙：水＝1：2.5：0.4，干湿稠度用手捏成团不松散为宜；

②砂浆应该即用即勾兑，不可一次性勾兑太多，防止砂浆硬化；

③砂浆带的敷设不宜过早，以免砂浆失去塑性影响模块下落安装，建议在上一模块安装完成后，本次吊装模块上楼前的时间内进行敷设；

④砂浆带厚度为 30mm，宽度为 100mm，沿着模块位置线内退 50mm 敷设；

⑤箱体中间位置敷设的砂浆带应该根据图纸，事先在楼面上用油漆标识出，以便快速敷设。

（4）模块吊装

①事先安装好限位器及一字码；限位器离控制线距离应该适中；

②建议事先在楼面上在各区域有油漆标识出吊装顺序及箱型，以免吊装顺序错误；

③模块起吊一定要平，倾斜的箱体会导致在最后放置时位置偏差过大，难以调整；

④箱体与箱体之间有 20mm 缝隙，拼装时用 20mm 的木条辅助定位；

⑤模块吊装和钢筋绑扎相互穿插，吊装前应该对钢筋进行检查，对钢筋偏位出墙体控制线的应该进行及时调整，吊装前应该保证所有墙体钢筋（包括箍筋）都在控制线内，以免影响模块吊装定位；

⑥模块放置完毕后，发现箱体跑偏的，应该及时进行微调，如果原因是箱体不平，且无法纠正的，应该对吊具、吊链进行调整后再吊装模块；

⑦吊装完毕后应该沿箱体四周进行检查，每一条边偏差都不可超过±3mm，涉及模块吊装的班组人员应该固定，不得随意变动。

（5）穿插钢筋绑扎

①为避免和模块吊装冲突，剪力墙钢筋绑扎到梁壳底部；

②吊装前对穿插绑扎的剪力墙钢筋进行检查，确保钢筋的外边缘没有超出剪力墙边界；

③测量人员放出剪力墙位置后，应该根据模块吊装顺序标识出剪力墙绑扎顺序，防止钢筋穿插绑扎顺序错误。

（6）箱体拼缝填充

箱体间的梁壳位置需要用定制的胶条进行密封，且应该有足够的刚度，防止现浇混凝土梁时发生漏浆，进而污染装修面以及影响框架梁的强度；箱体间有过道的，过道的缝隙应该填充密实，防止漏浆污染装修面。

5.3　安全管理（监理）工作

5.3.1　主要审查工作

（1）检查施工单位从事模块单元吊装作业及相关人员进行安全教育培训与交底记录。

（2）审查专项安全方案，如工具式模板施工方案、塔式起重机和施工机械布置方案、脚手架布置方案、预制构件安装方案、机电施工方案。

（3）审查施工方案是否有识别模块单元进场、卸车、存放、吊装、就位各环节的作业风险，及制定的防控措施的内容。

（4）审查装配式有针对性的安全控制和保证措施，包括预制构件堆放、吊装、高处作业的安全防护、作业辅助设施的搭设、构件安装的临时支撑体系的搭设等。

（5）审查报施工单位确认的预制构件生产单位编制的预制构件生产过程中的专项安全保证措施。生产吊运设备应经有资质的第三方检测单位检测合格并定期复检，且做好防滑移和防倾覆措施。同时，预制构件存放和吊运应采取防倾覆措施。

5.3.2　模块吊运规定

（1）应根据模块的形状、尺寸、重量和作业半径等要求选择吊具和起重设备，所采用的吊具和起重设备及其操作，应符合国家现行有关标准及产品应用技术手册的规定。

（2）混凝土模块吊运应采用符合承载力的平衡吊架，并用手拉葫芦或长短吊链等方式控制吊架与模块之间的水平，确保模块的受力均匀且平衡。

（3）吊点数量、位置应经计算确定，应保证吊具连接可靠，应保证起重设备的主钩位置、吊具及构件重心在竖直方向上重合。

（4）吊索水平夹角不应大于 60°，但同时不应小于 45°。

（5）应采用慢起、稳升、缓放的操作方式，吊运过程，应保持稳定，不得偏斜、摇摆和扭转，严禁吊装构件长时间悬停在空中。

5.3.3　模块安装安全管理要点

（1）现场堆场及场内运输道路应经过特殊硬化处理，且平整、坚实、整洁，仓库内物料堆放有序；如车辆经过结构顶板，其顶板承载力应经过设计复核或采用必要的加固处理。

（2）施工现场内部道路应按照预制品运输车辆的要求合理设置转弯半径及道路坡度。

（3）预制模块在吊装过程中，应设置缆风绳控制模块转动。高空应通过缆风绳改变模块单元方向，严禁高空直接用手扶模块单元。

（4）模块临时安装时应进行风荷载抗倾覆验算，对于抗倾覆验算不满足要求的，应增加临时支撑。

（5）根据危险源级别安排安全旁站。

（6）模块单元起吊后，应先将预制模块提升 300mm 左右，停稳构件，检查钢丝绳、吊具和预制构件状态，确保吊具安全且构件平稳后，方可缓慢提升构件。

（7）吊机吊装区域内，非作业人员严禁进入；吊运模块单元时，模块下方严禁站人，应待模块降落至距地面 1m 以内方准作业人员靠近，就位固定后方可脱钩。

（8）遇到雨、雾天气，或者风力大于 5 级时，不得进行吊装作业。

（9）钢拉杆接头的型式检验应按现行行业标准《钢筋机械连接技术规程》JGJ 107 规定的检验方法和检验项目执行，并应出具相应的型式检验报告。

（10）模块单元之间采用螺纹拉杆连接时，有效连接长度和拧紧扭矩值应满足设计要求，上层模块安装应在连接检验合格后进行，并宜保存规范的施工检验影像记录备查。

（11）模块单元安装过程中废弃物等应进行分类回收。施工中产生的胶粘剂、稀释剂等易燃易爆废弃物应及时收集送至指定储存器内并按规定回收，严禁丢弃未经处理的废弃物。

第6章

BIM 模型管理

以 BIM 技术进行正向设计在模块化装配式建筑的设计中是必要的。对于 BIM 模型的管理，监理人员要完成以下工作：

（1）对设计单位提交的 BIM 模型的审查：

监理人员对设计单位提交的 BIM 模型，组织模块制作，施工单位对模型的正确性、完整性、精度进行审查，并对审查出的问题，责令设计单位在规定的时间内修改或完善。

（2）BIM 模型平台的维护：

BIM 监理工程师负责项目 BIM 模型的平台维护，对于施工过程中出现的设计变更，要求施工单位及时对已经完成的 BIM 节点模型、进度展示等文件进行针对性修订，并督促施工单位限时对修订后的成果文件进行检查、组织论证，保证其正确性。

（3）对施工组织设计和施工方案的 BIM 模型进行审查：

对于应用 BIM 技术编制的施工方案、场地布置图、吊装方案等，由 BIM 监理工程师配合进行可视化的施工过程模拟，审查施工组织设计、施工方案是否可行、安全、合理。必要时，利用模型对施工过程进行结构、模块预制和吊装等验算以确保施工过程的质量安全。

（4）造价控制：

BIM 技术可以提供准确的工程量、设计参数和工程参数，监理将工程量和参数与造价经济指标结合，可以准确地计算出工程各部位的造价，在进度款支付过程中，BIM 工程师配合总监理工程师对施工单位提出的进度款工程量进行审核。

第7章

模块化装配整体式建筑项目工程质量验收

7.1　一般规定

（1）模块化装配整体式建筑检验批、分项工程、分部（子分部）工程及单位工程的验收应符合现行国家标准《建筑工程施工质量验收统一标准》GB 50300、《混凝土结构工程施工质量验收规范》GB 50204、《钢结构工程施工质量验收标准》GB 50205 的有关规定。

（2）模块化装配整体式建筑分项工程可根据与生产和施工方式相一致，且便于控制施工质量的原则，按工作班、楼层、结构缝或施工段划分为若干检验批。当主管部门无统一规定时，模块化装配整体式建筑检验批质量验收记录可采用本指南附录 A 的表格。

（3）模块化装配整体式建筑的主体结构分部工程宜划分为混凝

土结构子分部工程、钢结构子分部工程和建筑模块子分部工程进行验收。

1）混凝土结构子分部工程宜划分为模板、钢筋、预应力、混凝土、现浇结构和装配式结构等分项工程，按现行国家标准《混凝土结构工程施工质量验收规范》GB 50204 的有关规定进行验收。

2）钢结构子分部工程宜划分为钢结构焊接、紧固件连接、钢零部件加工、钢构件组装及预拼装、压型金属板、防腐涂料涂装、防火涂料涂装、天沟安装和雨棚安装等分项工程，按现行国家标准《钢结构工程施工质量验收标准》GB 50205 的有关规定进行验收。

3）建筑模块子分部工程宜划分为模块和模块安装分项工程，按《模块化装配整体式建筑施工及验收标准》T/CECS 577—2019 的有关规定进行验收。

（4）模块化装配整体式建筑中钢结构构件防腐涂装施工宜在构件组装和预拼装工程检验批的施工质量验收合格后进行；防火保护施工应在安装工程和防腐涂装工程检验批施工质量验收合格后进行。

（5）建筑模块的连接施工应进行隐蔽工程检查，并应详细填写隐蔽工程检查记录。

（6）主体结构分部工程验收前，施工单位应将自行检查评定合格的表格填写好，由施工单位提交监理单位或建设单位验收。总监理工程师组织施工单位和设计单位项目负责人进行验收，并按本指南附录 B 进行记录，并将验收资料存档备案。

（7）模块化现浇结构连接节点及叠合构件浇筑混凝土前，应进行隐蔽工程验收。隐蔽工程验收应包括下列主要内容：

1）混凝土粗糙面的质量；

2）钢筋的牌号、规格、数量、位置、间距，箍筋弯钩的弯折角度及平直段长度；

3）钢筋的连接方式、接头位置、接头数量、接头面积百分率、搭接长度、锚固方式及锚固长度；

4）预埋件、预留管线的规格、数量、位置；

5）其他隐蔽项目。

（8）混凝土模块结构验收时，除应按现行国家标准《混凝土结构工程施工质量验收规范》GB 50204 的要求提供文件和记录外，尚应提供下列文件和记录：

1）工程设计文件、模块单元制作和安装的深化设计图；

2）模块单元、主要材料及配件的质量证明文件、进场验收记录、抽样复验报告；

3）模块单元安装施工记录；

4）钢筋套筒灌浆、浆锚搭接连接的施工检验记录；

5）后浇混凝土部位的隐蔽工程检查验收文件；

6）后浇混凝土、灌浆料、坐浆材料强度检测报告；

7）外墙防水施工质量检验记录；

8）模块结构分项工程质量验收文件；

9）模块化建筑工程的重大质量问题的处理方案和验收记录；

10）模块化建筑工程的其他文件和记录。

模块化结构施工质量验收时提出应增加提交的主要文件和记录，是保证工程质量实现可追溯性的基本要求。

（9）针对模块单元的结构、机电、给水排水、供暖工程中的隐蔽工程，在吊装前应进行质量验收。

由于模块化建筑不同于传统建筑，模块单元具有产品属性。所以在模块单元吊装前需对其结构、机电、给水排水、供暖工程的隐蔽工程提前进行验收。否则，待组装之后隐蔽工程将无法验收。

（10）模块化集成建筑验收合格交付使用时，应提供房屋使用说明书，说明书应包含使用注意事项和维护管理要求等。

7.2　模块单元分项验收

模块单元组合安装完成后，应按施工详图的要求，对成品进行检查验收，检查内容包括：模块间连接质量、涂装质量、箱体尺寸、室内给水排水检验、电器检验、防水渗漏等。

（1）模块单元进入现场，应全数检查出厂合格证及相关质量证明文件，包括出厂合格证、混凝土强度检验报告、钢筋连接类型的工艺检验报告、模块装修检测报告和合同要求的其他质量证明文件等，质量应符合设计及相关技术标准要求。

（2）观察检查模块明显部位是否标明生产单位、项目名称、模块型号、生产日期、安装部位、安装方向及质量合格标志。

（3）观察检查模块单元的混凝土外观质量，不应有严重缺陷，且不应有影响结构性能和安装、使用功能的尺寸偏差。对出现的一般缺陷应要求模块生产单位按技术处理方案进行处理，并重新检查验收。

（4）观察检查模块吊装的预留吊环及预埋件应安装牢固、无松动。

(5) 模块单元粗糙面的外观质量、键槽的外观质量和数量应符合设计要求。

(6) 模块单元上的连接件、预埋件、预留插筋、预留孔洞、预埋管线等规格型号、位置、数量应符合设计要求。同一类型模块单元不超过 1000 个为一批,每批随机抽取 1 个构件进行检验。对存在的影响安装功能的质量缺陷,应按技术处理方案进行处理,并重新检查验收。

模块单元的预留、预埋件等应在进场时按设计要求对每个模块单元全数检查,合格后方可使用,避免在构件安装时发现问题造成不必要的损失。对于预埋件和预留孔洞等项目验收出现问题时,应和设计方协商相应处理方案,如设计方不同意处理应作退场报废处理。

(7) 模块单元表面预贴饰面砖、石材等饰面及装饰混凝土饰面的外观质量应符合设计要求。模块单元的装饰外观质量应在进场时按设计要求对模块单元全数检查,合格后方可使用。如果出现偏差情况,应和设计协商相应处理方案,如设计不同意处理应作退场报废处理。

(8) 模块单元内装修地面、墙面及吊顶饰面的外观质量和接口构造应符合设计要求。

(9) 模块单元外形尺寸允许偏差和检验方法应符合表 7-1 的规定。按照进场检验批,同一规格(品种)的构件每次抽检数量不应少于该规格(品种)数量的 5% 且不少于 3 件,模块单元见图 7-1。

模块单元外形尺寸允许偏差和检验方法　　　　表 7-1

项目			允许偏差（mm）	检验方法
长度	AB、A′B′、CD、C′D′	≤6m	±5	尺量检查
		>6m	−10，+5	
宽度	AC、A′C′、BD、B′D′		±5	钢尺量一端及中部，取其中偏差绝对值较大处
高度	AA′、BB′、CC′、DD′		±5	
对角线差	| AD-BC |、| A′D′-B′C′ |、| AB′-A′B |、| CD′-C′D |、| AC′-A′C |、| BD′-B′D |	对角线长度≤6m	6	钢尺量两个对角线的长度，取其绝对值的差值
		对角线长度>6m	10	
表面平整度	内表面		5	2m 靠尺和塞尺检查
	外表面		3	
垂直度	柱、墙板	≤3m	3	经纬仪或全站仪量测
		>3m	5	
预留孔	中心线位置		5	尺量检查
	孔尺寸		±5	
预留洞	中心线位置		10	尺量检查
	洞口尺寸、深度		±10	
门窗口	中心线位置		5	尺量检查
	宽度、高度		±3	
预埋件	预埋件锚板中心线位置		5	尺量检查
	预埋件锚板与混凝土面平面高差		0，−5	
	预埋螺栓中心线位置		2	
	预埋螺栓外露长度		+10，−5	
	预埋套筒、螺母中心线位置		2	
	预埋套筒、螺母与混凝土面平面高差		0，−5	
	线管、电盒、木砖、吊环在构件平面的中心线位置偏差		20	
	线管、电盒、木砖、吊环在构件表面混凝土高差		0，−10	

项目		允许偏差 （mm）	检验方法
预留 插筋	中心线位置	3	尺量检查
	外露长度	+5，-5	
键槽	中心线位置	5	尺量检查
	长度、宽度、深度	±5	

注：检查中心线、螺栓和孔道位置偏差时，应沿纵横两个方向量测，并取其中偏差
　　较大值。

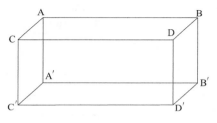

图 7-1　模块单元示意图

（10）装饰构件的装饰外观尺寸允许偏差和检验方法应符合设计要求；当设计无具体要求时，应符合表 7-2 的规定。按照进场检验批，同一规格（品种）的构件每次抽检数量不应少于该规格（品种）数量的 10% 且不少于 5 件。

模块装饰构件外观尺寸允许偏差和检验方法　　表 7-2

项次	装饰种类	检查项目	允许偏差(mm)	检验方法
1	通用	表面平整度	3	2m 靠尺或塞尺检查
2	面砖、石材	阳角方正	2	用托线板检查
3		上口平直	2	拉通线用钢尺检查
4		接缝平直	3	用钢尺或塞尺检查

续表

项次	装饰种类	检查项目	允许偏差(mm)	检验方法
5	面砖、石材	接缝深度	±5	用钢尺或塞尺检查
6		接缝宽度	±5	用钢尺检查

（11）卫浴间、厨房地面的防水应在现场进行 24h 蓄水试验，并出具蓄水试验报告。其排水坡度、通风装置、安装及检修用管道空间、地面防水层均应符合设计要求和本指南的有关规定。

检查数量：按照进场检验批，同一品种的模块每次抽检数量不应少于该品种数量的 10% 且不少于 5 件。

模块单元中卫浴间、厨房地面的防水要进行蓄水试验，并满足现行国家标准《建筑地面工程施工质量验收规范》GB 50209 的要求。

模块单元的样本在出厂前的检验内容中，箱体尺寸、涂装质量、焊接质量应符合设计要求及现行国家标准《钢结构工程施工质量验收标准》GB 50205 的要求，室内给水排水检验、防水抗渗、电气检验应符合设计要求和国家现行有关标准要求。模块单元的样本应从批量部件中随机抽取 1%，且不少于 1 个。

（12）模块单元中预装电器的型号、数量及安装定位应符合设计要求。

7.3 模块安装分项工程验收

（1）模块安装时临时固定及支撑措施应有效可靠，符合施工及相关技术标准要求。安装就位后，连接钢筋和套筒等主要传力部位不应出现影响结构性能和模块安装施工的尺寸偏差。对已经出现的影响结构性能的尺寸偏差，应由施工单位提出技术处理方案，并经监理（建设）单位认可后进行处理。对经处理的部位，应重新检查验收。

（2）模块安装完成后，外观质量不应有影响结构性能的质量缺陷。对于已经出现的影响结构性能的质量缺陷，应由施工单位提出技术处理方案，并经监理（建设）单位认可后进行处理。对经处理的部位，应重新检查验收。

（3）模块与基础、模块与模块、模块与主体结构、模块与围护结构、主体结构与围护结构之间的连接应符合设计要求。连接施工应有安装施工工艺，并进行技术交底。

（4）钢筋套筒接头灌浆料配合比应符合灌浆工艺及灌浆料使用说明书的要求。

（5）钢筋连接套筒灌浆应饱满，灌浆时灌浆料必须冒出溢流口；采用专用堵头封闭后灌浆料不应有任何外漏。

（6）钢筋连接承受内力的接头和拼缝，当其混凝土强度未达到设计要求时，不得吊装上一层结构构件（模块）；当设计无具体要求时，应在混凝土强度不小于 $10N/mm^2$ 或具有足够的支撑时方可吊装上一层结构构件（模块）。

（7）螺栓连接应符合国家现行标准《钢结构工程施工质量验收标准》GB 50205 及《混凝土用机械锚栓》JG/T 160 的规定；焊接连接应符合现行行业标准《钢筋焊接及验收规程》JGJ 18 的规定。同种直径每完成 500 个接头作为一个检验批，抽查 5% 且不少于 5

接头。

（8）半灌浆套筒（直螺纹钢筋套筒灌浆接头）应作连接接头力学性能检验，质量应满足现行行业标准《钢筋机械连接技术规程》JGJ 107 及《钢筋套筒灌浆连接应用技术规程》JGJ 355 的要求。检查数量：同种直径每完成 500 个接头时制作一组试件，每组试件 3 个接头。

（9）钢筋套筒接头灌浆料应留置同条件养护试块，试块强度应满足现行国家标准《水泥基灌浆材料应用技术规范》GB/T 50448 的要求。同种直径每班灌浆接头施工时留置一组试件，每组 3 个试块，试块规格为 40mm×40mm×160mm。

7.4　模块及部品连接验收

模块单元之间的连接方式一般有两种形式，一种是采用螺栓拉杆连接，另一种采用现浇混凝土进行连接。

（1）模块单元及设备管线的连接构造应符合设计要求。

（2）模块单元之间采用螺栓拉杆连接时的验收：

1）模块单元之间采用螺栓拉杆连接时，螺栓的材质、规格、有效连接长度、拧紧力矩应符合设计要求及现行国家标准《钢结构设计标准》GB 50017 和《钢结构工程施工质量验收标准》GB 50205 的有关规定。

2）螺栓拉杆应按现行国家标准《钢结构工程施工质量验收标准》GB 50205 中规定的质量验收方法和质量验收项目执行，同时应满足设计要求，上层模块安装应在连接检验合格后进行，并宜保存规范的施工检验影像记录备查。

3）螺栓拉杆接头的型式检验应按现行行业标准《钢筋机械连接技术规程》JGJ 107 规定的检验方法和检验项目执行，并应出具相应的型式检验报告。

为保证螺栓拉杆连接的可靠性，拧紧扭矩值应满足要求。螺栓损伤或施拧方式不当等可能导致在同样终拧扭矩下，由于螺栓咬合长度不足而达不到设计承载力，故还应保证螺栓拉杆的有效连接长度。由于上层模块安装完成后很难再对拉杆连接进行检查，为保证施工进度和施工质量，可保留施工检验影像记录备查。

（3）模块单元之间采用现浇混凝土连接时的验收：

1）现浇混凝土主体结构使用模块隔墙作为模板进行浇筑时，混凝土应浇筑密实，强度应符合设计要求。

2）现浇混凝土结构检测：

混凝土结构密实度检测一般采用雷达法、低应变、超声波、红外线、核磁共振等方法，混凝土结构强度检测一般采用回弹-取芯法。

本指南现浇混凝土结构检测参考《深圳市龙华樟坑径地块项目-结构实体检测方案》，目前国内暂无统一检测标准，具体项目检测标准根据当地实际情况不断完善。

①混凝土强度采用回弹-取芯法进行检测，每 1000m^2 建筑面积检测 1 个构件，每层不少于 3 个构件。

本指南参考广东省地方标准《装配整体式叠合剪力墙结构技术

规程》DBJ/T 15-210—2021 的规定。

②混凝土密实度采用雷达法进行检测，模块间剪力墙每两层抽检 1 面墙；模块间梁每两层抽检 1 条梁；模块间楼板每两层抽检 1 块板。

③楼板厚度采用雷达法进行检测，每两层抽检 1 块板。

3）堆叠框架结构的接缝防水施工应按设计要求制定专项验收方案，防水材料的性能及接缝防水施工质量验收应符合现行国家标准《装配式混凝土建筑技术标准》GB/T 51231 的有关规定。

堆叠框架结构中的模块单元采用干式连接，模块单元间拼缝较多，应制定专项验收方案。

（4）连接件及预留孔洞等规格、位置和数量应符合设计要求。对影响安装功能的质量缺陷，应按技术处理方案进行处理，并重新检查验收。

7.5　设备管线内装验收

（1）内装工程应按国家现行标准《建筑装饰装修工程质量验收标准》GB 50210、《建筑轻质条板隔墙技术规程》JGJ/T 157 和《公共建筑吊顶工程技术规程》JGJ 345 的有关规定进行验收。

（2）给水排水管道及配件的安装应位置正确、平整牢固，用观察和尺量检查施工质量。

（3）给水管道应进行加压测试，在 0.60MPa 的测试压力下，恒压 1.00h，压力降不大于 0.05MPa。各连接处不应有渗漏。

（4）排水管道应进行水密性测试，堵住除通气出口外的所有出口，在检测系统内灌满水保持 15min，各连接处不应有渗漏。

（5）室内给水排水系统的施工质量要求和验收标准应符合现行国家标准《建筑给水排水及采暖工程施工质量验收规范》GB 50242 的有关规定。

（6）导管及线路安装完毕后应进行绝缘电阻测试，其测试电压及绝缘电阻值应满足现行国家标准《建筑电气工程施工质量验收规范》GB 50303 的有关规定。

（7）模块化的产品应按电气配电单元组装完成后对电气设备及线路进行送电检验，不合格的应及时整改。

（8）室内电气系统、电气装置等的检测还应符合现行国家标准《建筑电气工程施工质量验收规范》GB 50303 的有关规定。

第 8 章

模块化装配整体式建筑档案资料

建设工程监理文件资料管理是指项目监理机构对在履行建设工程监理合同过程中形成或获取的，以一定形式记录、保存的文件资料进行整理、传递、归档，并向建设单位移交有关监理文件资料。

8.1　监理文件资料管理基本要求

项目监理机构应建立健全监理文件资料管理制度，宜设熟悉建设工程监理业务、经过监理文件资料培训的监理人员负责管理监理文件资料。

（1）监理文件资料应满足"真实、有效、准确和完整"的要求；不得对文件资料进行涂改、伪造和随意损坏和丢失。

（2）项目监理机构应随工程进展及时、准确、完整地收集、整理、归档各种监理文件资料；并认真检查，保证文件资料的完整性和准确性。总监理工程师应在监理交底会上强调及时收集、整理资料的重要性，并明确各方管理责任。

（3）项目监理机构可采用计算机信息技术进行监理文件资料管理，实现监理文件资料管理的科学化、标准化、程序化和规范化。

（4）监理文件资料的信息量大，覆盖面广，类别多，可追溯性强，资料管理人员必须及时整理、分类汇总，并按规定组卷、归档，做到分类有序、存放整齐。

（5）监理单位应根据工程特点和有关规定，合理确定监理文件资料保存期限。

8.2 监理文件资料管理工作内容

（1）建立健全建设工程监理文件资料的管理制度和报告制度。

（2）运用计算机信息技术进行建设工程监理文件资料管理，实现监理文件资料管理的科学化、标准化、程序化和规范化。

（3）每月向建设单位递交建设工程监理工作月报。

（4）专业监理工程师及时整理和签认监理实施过程中原材料、构配件和设备的质量检查验收资料，以及隐蔽工程、检验批、分项工程和分部工程的验收文件。

（5）项目监理机构应及时、准确、完整地收集、整理、分类汇总，并按规定组卷、归档各种监理文件资料。

（6）根据工程特点和有关规定及时向建设单位移交需要归档的监理文件资料，并办理移交手续。

8.3　监理文件资料主要内容

监理文件资料应包括下列主要内容：

（1）勘察设计文件、建设工程监理合同及其他合同文件。

（2）监理规划、监理实施细则。

（3）设计交底和图纸会审会议纪要。

（4）施工组织设计、（专项）施工方案、施工进度计划报审文件资料。

（5）分包单位资格报审文件资料。

（6）施工控制测量成果报验文件资料。

（7）总监理工程师任命书，工程开工令、暂停令、复工令，工程开工、复工报审文件资料。

（8）工程材料、构配件和设备报验文件资料。

（9）见证取样和平行检验文件资料。

（10）工程质量检查报验资料及工程有关验收资料。

（11）工程变更、费用索赔及工程延期文件资料。

（12）工程计量、工程款支付文件资料。

（13）监理通知单、工作联系单与监理报告。

（14）第一次工地会议、监理例会、专题会议等会议纪要。

（15）监理月报、监理日志、旁站记录。

（16）工程质量、安全生产事故处理文件资料。

（17）工程质量评估报告及竣工验收监理文件资料。

（18）监理工作总结。

8.4 模块化装配整体式建筑监理资料的特点

8.4.1 监理规划

项目监理机构应在正式签订监理合同后，根据工程设计文件和所获取的工程信息，组织编制监理规划，明确监理工作的范围、内容、目标，项目监理机构的组织形式和监理人员配备，以及监理工作方式、方法及措施等。

与传统项目的相比，模块项目具有以下特点：

（1）项目工期：地上部位采用模块工期可以缩短30%以上。

（2）绿色节能：材料浪费减少25%以上，现场用工量减少40%以上，建筑废弃物排放大大降低。

（3）测量放线：模块箱体吊装对位放线、预埋放线以及其他工序的测量放线工作，都对测量放线的精度控制要求高。

（4）模块吊装：要求精度高，涉及大型号塔式起重机，构件尺寸大、重量大、吊装难度高，吊装机械设置困难，群塔作业危险性大。

（5）爬架设计：爬架的深化设计前移，问题需提前消化。设计单位深度融合，在结构设计中考虑爬架机位布设。

（6）防水工程：模块结构与现浇结构连接体系的防渗漏问题。

（7）防震工程：混凝土模块结构模型模拟地震振动台试验研究。

（8）MES 系统：每个模块构件加配二维码，实现模块统一身份 ID，实现平台的信息追溯。

8.4.2　监理实施细则

与传统项目相比，监理机构应根据模块监理规划的特点，应增加编制关于模块的实施细则，主要表现为两个方面：

（1）模块驻厂监造监理实施细则，用以明确驻厂监造的监理工作目标、范围和内容，监理工作程序、方法和措施等。

（2）模块现场吊装工程监理实施细则，用以规范施工现场吊装行为，控制模块箱体的安装质量。

8.4.3　监理月报

（1）月度工程质量实施情况。

模块吊装区与现浇区域工序衔接问题。

（2）月度工程进度实施情况。

预制厂每月计划生产模块箱体数量及实际生产数量，通过计划和实际生产对比分析可以了解模块箱体生产进度偏差，通过原因分析及时纠偏，调整生产，满足施工现场供货要求。

施工现场标准层流水施工正常情况下基本能保证 5d/层。

（3）月度合同及其他事项的处理情况。

（4）月度现场安全生产实施情况。

模块吊装是安全监理的重点。监理应加强安全巡查力度，把控好现场各阶段施工隐患，严格按照"十不吊"要求执行。

（5）月度工地协调及其他重大事项。

1）甲方对预制构件厂进行巡查。

2）与模块有关的安全、质量、进度协调会。

3）模块构件吊装方案专家论证会。

4）模块成品保护专题会。

（6）月度有关建议和下月监理工作重点。

8.4.4　监理会议纪要

（1）参与模块箱体的有关的设计图纸的拆分、深化工作。

（2）参与模块装配式的图纸审查。

（3）现场模块箱体吊装的安全、质量、进度方面的控制和管理，并做好占道及交通疏导等相关准备工作。

（4）夜间吊装作业要求施工单位办理夜间施工许可证，完善夜间吊装方案及应急预案。

（5）模块出厂标准、包装等，要求总包方提供相应的执行文件作为验收依据。

（6）关于模块箱体内精装修的成品保护，同时模块淋水试验构件出厂前务必按规范要求完成，避免雨期成品的损失。

（7）总包单位在模块吊装及爬架安装时，必须在板面及外墙混凝土强度达到设计及方案要求后方可施工，否则不得擅自增加荷载。

（8）模块吊装问题：

1）吊具进场报验要及时，并提供有效的质量证明文件；

2）吊具要统一编号，统一管理；

3）吊具每月要进行维保，要有维保记录；

4）吊具要进一步优化，避免模块无法安装，碰坏爬架；

5）模块吊装合理安排吊装作业时间，不宜夜间吊装作业；

6）要求预制厂提供模块重量信息；

7）要求施工单位吊具的手动葫芦维修和更换及时，避免安全隐患。

（9）塔式起重机吊装模块重量如有出现报警现象，则要求施工单位有优化措施，提出切实可行的有效措施，确保安全。

（10）模块的防雷焊接长度、焊接质量应满足设计及规范要求，保证防雷有效连接。

（11）模块构件的出场、验收标准、吊装操作指引、成品保护等培训指引工作，要做到通俗易懂，易于操作，同时保证每周至少一次相关专题会议。

（12）模块完成吊装后要入户门应及时上锁，避免因材料随意堆放，人员随意进出造成不同程度的破坏，并要求施工单位制定行之有效的成品保护措施。

（13）模块内侧钢筋施工应满足设计及规范要求，对施工不合格、做法未统一的出具相应的处理方案；模块架立筋过高，导致楼层板面筋露筋现象普遍，严重影响工程质量，要求施工单位做好相关处理措施。

8.4.5 监理工作日志

1. 施工环境情况

（1）施工现场具有满足模块吊装要求的工作面。

（2）模块吊装现场和作业面上没有影响操作的障碍物。

（3）各楼栋塔式起重机、吊具、葫芦等占位合理，互相不影响正常吊装作业的进行。

（4）模块卸货占用道路安全、畅通，可保证遇到危险时，现场人员能及时撤离。

（5）模块吊装前，对操作人员完成质量、安全技术交底。

（6）现场作业环境满足起重吊装"十不吊"的相关要求。

2. 施工进展情况（关键线路控制节点变化、里程碑事件及影响进度事件等）

（1）预制构件厂模块首件验收时间节点进度控制。

（2）施工现场模块首件进场验收及首层首吊时间节点进度控制。

（3）预制构件厂每栋每层的模块生产进度能够满足现场模块供货计划要求。

（4）施工现场各楼栋流水施工满足施工组织设计中施工进度计划要求。

（5）主体结构封顶节点进度控制。

3. 监理工作情况

（1）工程检测试验（材料工程实体见证取样）、工程监控测量情况：

模块浇筑的同养试块送检（详见送检方案、记录及台账）主要材料见证取样送检；

模块吊装前应进行测量放线，要求放线满足设计及规范要求。

（2）关键部位、关键工序旁站监理情况：

模块间监理墙混凝土浇筑旁站；模块间剪力墙强度回弹旁站；模块吊装安全旁站等。

（3）巡视检查情况：模块箱体的生产及吊装质量与模块吊装有关安全文明施工情况。

（4）平行检验情况（检查、验收要点）：

1）模块钢筋隐蔽验收（包括钢筋规格、数量、间距、预留长度、锚固长度等）；

2）模块机电预埋验收（包括预埋线盒、水电管线等）；

3）模块装修工程隐蔽验收（包括吊顶、内保温、龙骨等）；

4）施工现场测量放线检查验收；

5）模块安装质量验收；

6）模块间剪力墙钢筋隐蔽验收；

7）模块间剪力墙质量验收。

（5）安全生产管理情况（危险性较大分部分项工程及各类作业人员持证上岗检查情况）：

项目监理部要求焊接作业人员、电工、塔式起重机司机、起重工、信号指挥工等特种作业人员必须持证上岗。

（6）质量安全投资进度合同、资料等方面存在的问题及处理情况。

（7）内页工作、组织协调、工程会议、资料往来、项目大事、工作备忘及材料设备进场、质量验收及工程建设相关各方现场代表的指示或言论等。

4. 存在的问题及处理

（1）预制构件厂存在的问题及处理：

问题描述 1：模块附墙螺栓露丝不足，未与紧靠结构面。

解决办法：螺母按设计及规范要求调整。

问题描述 2：模块顶板桁架筋偏高。

解决办法：按设计及规范要求调整桁架筋位置。

问题描述 3：模块淋水渗漏。

解决办法：箱体外部按要求涂刷防水材料。

问题描述 4：模块墙体桁架筋与对拉预留孔位置偏差。

解决办法：按设计及规范要求调整对拉孔位置。

问题描述 5：模块爬锥孔堵塞。

解决办法：按要求通孔。

问题描述 6：模块 XPS 减重板使用不符合要求。

解决办法：按要求更换符合设计要求的 XPS 板。

（2）施工现场存在的问题及处理：

问题描述 1：模块吊具葫芦防脱装置未恢复。

解决办法：按要求及时恢复。

问题描述 2：模块机电专业未预留套管。

解决办法：按要求施工单位按要求做好事前控制，预留套管。

问题描述 3：现浇楼板振捣过度，模块破损造成渗漏。

解决办法：加强振捣过程控制。

问题描述 4：模块与结构面坐浆结合不密实导致渗漏。

解决办法：加强吊装过程管控。

问题描述 5：模块连接筋未绑扎。

解决办法：加强施工过程管控，按规范要求绑扎。

8.4.6　监理工作总结

（1）模块生产前，项目监理部派工程师到预制厂对模块进行驻厂监造。

（2）施工单位将模块生产方案，模块质量控制计划，模块吊装作业指导书，模块专项施工方案等报项目监理机构审批。

（3）项目监理部组织模块专题培训活动。

（4）预制构件厂组织模块的专家评审会。

（5）预制构件厂对爬架的预制埋件进行拉拔试验测试。

（6）模块吊装前施工单位应组织模块构件吊装方案专家论证会。

（7）预制厂首件模块生产完成，甲方、项目总监理工程师组织对预制构件厂进行样板验收工作。

（8）建设单位组织与模块有关的设计交底和图纸会审。

（9）首层模块首件进场验收，安全监理首件模块吊装。

（10）项目监理部组织参加产业协会的装配式培训。

（11）项目监理部组织召开模块成品保护专题会。

（12）项目监理部组织召开模块装配式项目复盘方法论会议。

8.5 模块化装配整体式建筑监理资料的管理及要求

8.5.1 编制类资料

项目监理机构编制的，用于对监理工作进行策划、指导，对工程质量进行评估，对监理工作进行总结的监理资料。如：监理规划、模块驻厂监造监理实施细则、模块现场吊装工程监理实施细则。

8.5.2 签发类资料

监理单位和项目监理机构签署发出的，用于授权、指令、告知等用途的监理资料。如：模块生产、安装方面质量问题的《监理通知单》《工作联系单》。

8.5.3 审批类资料

项目监理机构对施工单位报审的文件资料进行审核审批所形成的监理资料。

如：预制构件厂使用的钢筋、铝窗、实塑地板、地板砖等主要材料进场审批，模块专项吊装方案审批，模块生产质量保证计划以及模块供货计划的审批等。

8.5.4　验收类资料

项目监理机构对施工单位报验的对应工程项目实体的文件资料，进行检查验收所形成的监理资料。

与传统项目相比，模块项目新增预制构件厂的《模块隐蔽验收记录表》《模块实测实量记录表》《模块结构质量控制表》《模块机电专业验收表》和《模块装修专业验收表》。

8.5.5　记录类资料

项目监理机构记录监理履职行为和重要事件所形成的监理资料。如：模块剪力墙混凝土浇筑旁站记录、模块预制构件厂的隐蔽验收记录等。

8.5.6　台账类资料

项目监理机构记录监理过程信息所形成的明细记录、清单等监理资料。如：预制厂使用的材料送检不合格台账、不合格材料的退场记录台账。

8.5.7　其他类

总监理工程师还应组织监理人员熟悉和审核设计文件，分析合同文件，对所发现的问题应通过建设单位进行解决。项目监理机构应参加由建设单位组织的图纸会审和设计交底会，参与会签图纸会审记录、设计变更文件。对涉及设计文件和合同文件的变更调整，项目监理机构只接受建设单位发放的变更调整文件。项目监理机构应在设计文件和合同文件上标识清楚变更调整内容，并注明变更调整编号及日期。项目监理机构应将变更调整文件作为设计文件和合同文件的补充文件，一并登记归档。

除了上述文件外，预制构件厂还有模块的出厂资料，包括出厂合格证、混凝土出厂强度报告、模块土建专业验收记录表、机电专业验收记录表、装修专业验收记录表等。

8.6 模块化装配整体式建筑的专用表格

8.6.1 混凝土模块模具质量控制表

混凝土模块模具质量控制表见表 8-1。

项目名称：
产品编号：

混凝土模块模具质量控制表

表 8-1

模块号：
生产日期：

检查：

检查人：   日期：

主控项目/一般项目	检查项目及内容		允许偏差(mm)/标准	实测值	检查			检查人	日期	整改	日期
				模具尺寸	合格	不合格					
主控项目	模板支撑材料、规格、尺寸		模具方案								
	模板及支架安装质量		模具方案								
一般项目	长度	≤6m	1、-2								
		>6m且≤12m	2、-4								
		>12m	3、-5								
	宽度	≤6m	1、-2								
		>6m且≤12m	2、-4								
		>12m	3、-5								
	高度	≤6m	1、-2								
		>6m且≤12m	2、-4								
		>12m	3、-5								

	检查项目及内容		允许偏差(mm)/标准	实测值	检查				整改	
					合格	不合格	检查人	日期	检查人	日期
1	一般项目	对角线差	3							
		侧向弯曲(挠度)	l/1500且≤5							
		翘曲	l/1500							
		底模表面平整度	2							
		组装缝隙	1							
	模具上预埋件、预留孔洞安装(最大偏差值)									
2	一般项目	预埋钢板、建筑幕墙用槽式预埋组件	中心线位置 3							
			平面高差 ±2							
		预埋管、电线盒、电线管位置水平和垂直方向的中心线位置偏移、预留孔、浆锚搭接预留孔(或波纹管)	2							
		插筋	中心线位置 3							
			外露长度 +10.0							
		吊环	中心线位置 3							
			外露长度 0,-5							

续表

序号		检查项目及内容		允许偏差(mm)/标准	实测值	检查				整改	
						合格	不合格	检查人	日期	检查人	日期
2	一般项目	预埋螺栓	中心线位置	2							
			外露长度	+5.0							
		预埋螺母	中心线位置	2							
			平面高差	±1							
		预留洞	中心线位置	3							
			尺寸	+3.0							
		预埋连接件及连接钢筋	预埋连接件中心线位置	1							
			连接钢筋中心线位置	1							
			连接钢筋外露长度	+5.0							
3	一般项目			门窗框安装(最大偏差值)							
		锚固脚片	中心线位置	5							
			外露长度	+5.0							
		门窗框位置		2							
		门窗框高、宽		±2							
		门窗框对角线		±2							
		门窗框的平整度		2							

注:尺寸控制标准宜采用负公差。

8.6.2 混凝土模块单元结构质量控制表

混凝土模块单元结构质量控制表见表 8-2。

混凝土模块单元结构质量控制表

表 8-2

项目名称：_____

产品编号：_____

模块号：_____

生产日期：_____

	检查项目及内容	允许偏差 (mm)/标准	实测值/情况	检查					整改	
				合格	不合格	检查人	日期		检查人	日期
1	主控项目	钢筋品牌及合格证	按照《混凝土结构工程施工规范》GB 50666及图纸要求	模块钢筋验收						
		钢筋检测情况								
		钢筋数量及型号								
		吊环型号								
	一般项目	钢筋位置及间距								
		钢筋锚固及搭接								
		钢筋保护层及垫块								

续表

检查项目及内容		允许偏差 (mm)/标准	实测值/情况	检查				整改	
				合格	不合格	检查人	日期	检查人	日期
		模块单元尺寸允许偏差（最大偏差值）							
预留孔	中心线位置	5							
	孔尺寸	±5							
预留洞	中心线位置	10							
	洞口尺寸、深度	±10							
门窗口	中心线位置	5							
	宽度、高度	±3							
预埋件	预埋件锚板中心线位置	5							
	预埋件锚板与混凝土面 平面高差	0，−5							
	预埋螺栓中心线位置	2							
	预埋螺栓外露长度	+10，−5							
	预埋套筒、螺母中心线位置	2							

2

· 75 ·

续表

检查项目及内容		允许偏差 (mm)/标准	实测值/情况	检查				整改	
				合格	不合格	检查人	日期	检查人	日期
2	预埋件	预埋套筒、螺母与混凝土面平面高差	0，−5							
		线管、电盒、木砖、吊环在构件平面的中心线位置偏差	20							
		线管、电盒、木砖、吊环在构件表面混凝土高差	0，−10							
	预留插筋	中心线位置	3							
		外露长度	+5，−5							
	链槽	中心线位置	5							

注：尺寸控制标准宜采用负公差。

8.6.3 混凝土模块实测实量记录表和模块单元结构质量控制表

混凝土模块实测实量记录表和模块单元结构质量控制表见表 8-3、表 8-4。

表8-3

项目名称：

检查部位：楼栋楼层房间

混凝土模块实测实量质量控制表

检查项目及内容		允许偏差(mm)/标准	人工实测值	机器人扫描	设计值	误差对比分析
进深	≤6m	±5				
	>6m	−10，+5				
开间		±5				
净高度		±20				
地面平整度		水泥.混凝土±5				
		瓷砖±2				
内墙垂直度(完成打磨)		4(3)				
阴阳角		4(3)				
方正度		10				
水平度极差	顶板	10				
	地面					

混凝土模块单元结构质量控制表

表 8-4

项目名称：_____
产品编号：_____

模块号：_____
生产日期：_____

	检查项目及内容	允许偏差(mm)/标准	实测值/情况	检查				整改	
				合格	不合格	检查人	日期	检查人	日期
1	主控项目——混凝土强度等级	按照《混凝土结构工程施工规范》GB 50666及图纸要求	混凝土验收						
	主控项目——混凝土试块	按照《混凝土结构工程施工规范》GB 50666及图纸要求							
	一般项目——混凝土坍落度	按照《混凝土结构工程施工规范》GB 50666及图纸要求							
	一般项目——养护时间	按照《混凝土结构工程施工规范》GB 50666及图纸要求							

续表

检查项目及内容	允许偏差 (mm)/标准	实测值/情况 模块单元尺寸允许偏差	检查				整改	
			合格	不合格	检查人	日期	检查人	日期
2 一般项目——长度 (AB, A'B', CD, C'D') ——≤6m	(±5)有4个实测值							
一般项目——长度 (AB, A'B', CD, C'D') ——>6m	(−10, +5)有4个实测值							
一般项目——宽度 (AC, A'C', BD, B'D')	(±5)有4个实测值							
一般项目——高度 (AA', BB', CC', DD')	(±5)有4个实测值							
一般项目——对角线差——|AD−BC|, |A'D'−B'C'|, |AB'−A'B|, |CD'−C'D|, |AC'−A'C|, |BD'−B'D|	(6)有2个实测值							
一般项目——对角线差——|AD−BC|, |A'D'−B'C'|, |AB'−A'B|, |CD'−C'D|, |AC'−A'C|, |BD'−B'D|	(10)有2个实测值							

续表

检查项目及内容	允许偏差(mm)/标准	实测值/情况	检查				整改	
			合格	不合格	检查人	日期	检查人	日期
2	内表面 一般项目——表面平整	(5)有2个实测值							
	外表面 一般项目——表面平整	(3)有2个实测值							
	柱,墙板≤3m 一般项目——垂直度	(3)有2个实测值							
	柱,墙板>3m 一般项目——垂直度	(5)有2个实测值							

8.6.4 混凝土模块单元机电质量控制表

混凝土模块单元机电质量控制表见表 8-5。

项目名称：_____

产品编号：_____

模块号：_____

生产日期：_____

混凝土模块单元机电质量控制表

表 8-5

	检查项目及内容		允许偏差/标准	实测值/情况	检查				整改		
					合格	不合格	检查人	日期	检查人	日期	
1	主控项目	给水系统渗水测试	试验压力为工作压力的1.5倍，但不小于0.6MPa。升至规定的试验压力后停止加压，稳压1h，观察接头或部位是否有掉压和漏水现象	给水系统验收							
2	主控项目	排水系统渗水测试	灌水≥30min 无漏水	排水系统验收							
3	主控项目	开关插座数量	符合图纸要求	电气系统验收							
		灯具通电测试	正常亮灯								
	一般项目	开关插座位置	符合图纸要求								
		灯具数量	符合图纸要求								

续表

检查项目及内容		允许偏差/标准	实测值/情况	检查				整改	
				合格	不合格	检查人	日期	检查人	日期
			消防系统验收						
4	主控项目	雨淋阀组安装数量	符合图纸要求						
		消防系统压力、渗水测试	测试压力为设计工作压力的1.5倍,保压1h,检查是否有掉压和漏水						
	一般项目	雨淋阀组安装位置	符合图纸要求						

8.6.5 混凝土模块单元装修质量控制表

混凝土模块单元装修质量控制表见表 8-6。

表 8-6

混凝土模块单元装修质量控制表

项目名称：_____

产品编号：_____

模块号：_____

生产日期：_____

	检查项目及内容		允许偏差/标准	实测值/情况	检查				整改	
					合格	不合格	检查人	日期	检查人	日期
1	主控项目	规格	符合图纸要求	墙面验收标准						
		颜色	与样板一致							
	一般项目	外观质量	光滑平整无划伤							
		平整度	<3mm/2m							
2	主控项目	饰面材料规格	符合图纸要求	地面验收标准						
		饰面颜色	与样板一致							
	一般项目	饰面安装	安装牢固、平直							
		空鼓数	无空鼓							
		平整度	<3mm/2m							
3	主控项目	造型	符合图纸要求	吊顶验收标准						
		图案、颜色	符合图纸要求							
	一般项目	平整度	<3mm/2m							

续表

检查项目及内容		允许偏差/标准	实测值/情况	检查					整改	
				合格	不合格	检查人	日期		检查人	日期
			卫生间验收标准							
主控项目	卫浴设施	配置齐全,位置正确,牢固								
	闭水测试	蓄水时间>24h,检验模块底部有无渗水、漏水现象								
			门验收标准							
主控项目	产品规格	符合图纸要求								
	五金配件	配置齐全,位置正确,牢固								
一般项目	外观质量	光滑平整无划伤								
	门扇垂直度	2.0mm								
	门扇与上框间留缝	1~3mm								
	门扇与下框间留缝	3~5mm								

4

5

续表

检查项目及内容		允许偏差 / 标准	实测值 / 情况	检查				整改	
				合格	不合格	检查人	日期	检查人	日期
6	主控项目	产品规格	符合图纸要求	窗验收标准					
		五金配件	窗扇可正常开启、关闭灵活、牢固						
		试水测试	试水水压约为 205～240kPa、喷淋 3min 无漏水						
	一般项目	外观质量	光滑平整无划伤						

建筑模块检验批
质量验收记录

建筑模块检验批质量验收记录　　　　表 A

单位(子单位)工程名称			分部(子分部)工程名称			分项工程名称	模块分项工程
施工单位			项目负责人			检验批容量	
分包单位			分包单位项目负责人			检验批部位	
施工依据					验收依据		
验收项目			设计要求及规范规定	样本总量	最小/实际抽样数量		检查记录	检查结果
主控项目	模块出厂质量及有关技术标准要求		本指南8.3节					
	模块吊装要求		本指南8.3节					
	预埋件、插筋、预留孔		本指南8.3节					

附录 A 建筑模块检验批质量验收记录

续表

验收项目		设计要求及规范规定	样本总量	最小/实际抽样数量	检查记录	检查结果
一般项目	外观质量	本指南8.3节				

附录 B

主体结构分部（子分部）工程质量验收记录

主体结构分部（子分部）工程质量验收记录　　　　表 B

工程名称			结构类型		层数	
施工单位			技术部门负责人		质量部门负责人	
分包单位			分包单位负责人		分包技术负责人	
序号	分项工程		检验批数	施工单位检查评定		验收意见
质量控制资料						
安全和功能检验（检测）报告						
观感质量验收						
验收单位	分包单位			项目经理：　　　　年　月　日		
	施工单位			项目经理：　　　　年　月　日		
	勘察单位			项目负责人：　　　年　月　日		
	设计单位			项目负责人：　　　年　月　日		
	监理（建设）单位			总监理工程师（建设单位项目专业负责人）：　　　　　　年　月　日		